INVENTAIRE
V29689

INVENTAIRE
V 29.680

# GÉOMÉTRIE
## DESCRIPTIVE
### par
### A. dhémar

V

Imprimerie de Chaigneau fils aîné,
rue de la Monnaie, n. 11.

# COURS

DE

# GÉOMÉTRIE

DESCRIPTIVE;

*Par A. Adhemar.*

1823.

# QUESTIONS DE GÉOMÉTRIE DESCRIPTIVE.

#### DÉFINITIONS.

1 — La Géométrie descriptive a deux objets; le premier de donner les méthodes pour représenter, sur une feuille de dessin qui n'a que deux dimensions, savoir : longueur et largeur, tous les corps de la nature qui en ont trois, longueur, largeur et profondeur, pourvu néanmoins que ces corps puissent être définis rigoureusement.

— Le second objet est de donner la manière de reconnaître, d'après une description exacte, les formes des corps et d'en déduire toutes les vérités qui résultent et de leur forme et de leurs positions respectives.

2 — La forme exacte d'un corps étant déterminée lorsqu'on connaît les positions des points qui composent sa surface, on est d'abord conduit à chercher comment on peut déterminer la position d'un point.

3. — L'espace n'ayant pas de limites, on ne peut déterminer la position d'un point que par rapport à des objets connus.

4. — De tous les moyens que l'on pourrait employer pour déterminer la position d'un point le plus simple est de rapporter la position de ce point à trois plans connus de position.

5. — La méthode des projections permet de n'employer que deux plans pour déterminer la position d'un point, et les constructions seront encore simplifiées si l'on suppose ces deux plans rectangulaires entr'eux.

— Ces plans seront nommés *plans de projections* ou *plans coordonnés*.

— Nous pourrons généralement supposer que l'un soit horizontal et l'autre vertical.

6. — La projection d'un point sur un plan est le pied de la perpendiculaire abaissée du point sur le plan.

— D'après cela on nommera *projection horizontale d'un point* le pied de la perpendiculaire abaissée de ce point sur le plan horizontal.

— La projection verticale d'un point est le pied de la perpendiculaire abaissée de ce point sur le plan vertical.

7 — Si, par une ligne droite, on partage une feuille de papier en deux parties, on pourra toujours supposer que la partie supérieure de la feuille représente le plan vertical, et que la partie inférieure de cette même feuille représente le plan horizontal qui aurait tourné autour de la droite considérée comme charnière, jusqu'à ce qu'il se fût confondu avec le prolongement du plan vertical.

— La droite représente l'intersection des plans coordonnés.

— Une feuille de dessin ainsi disposée se nomme *une épure*.

— Les projections tracées sur une épure doivent être dessinées avec le plus grand soin.

8 — Il résulte de ce qui précède :

1°. Que les projections verticales et horizontales d'un même point doivent toujours, dans l'épure, se trouver sur une même droite perpendiculaire à l'intersection des plans coordonnés.

— 2°. La distance de la projection horizontale d'un point à l'intersection des plans coordonnés est toujours égale à la distance de ce point au plan vertical.

— 3°. La distance de la projection verticale d'un point à l'intersection des plans coordonnés est toujours égale à la distance de ce point au plan horizontal.

— Suivant que la projection horizontale d'un point sur l'épure sera placée au-dessous ou au-dessus de l'intersection des plans coordonnés, ce point sera dans l'espace en deçà ou au-delà du plan vertical.

— Suivant que la projection verticale d'un point sera sur l'épure, placée au-dessus ou au-dessous de l'insection des plans coordonnés, ce point dans l'espace sera au-dessus ou au-dessous du plan horizontal.

9 — Il sera quelquefois nécessaire de supposer un plan auxiliaire de projection; dans ce cas on le supposera sur l'épure, ayant tourné comme le plan horizontal et suivant sa position.

## DU POINT.

10 — Construire les projections d'un point dans toutes les positions, savoir :

— Au-dessus du plan horizontal et en deçà du plan vertical.

— Au-dessus du plan horizontal et au-delà du plan vertical.

— Au-dessous du plan horizontal et en deçà du plan vertical.

— Au-dessous du plan horizontal et au-delà du plan vertical.

— Situé dans le plan horizontal et en-deçà du plan vertical.

— Situé dans le plan horizontal et au-delà du plan vertical.

— Situé dans le plan vertical et au-dessus du plan horizontal.

— Situé dans le plan vertical et au-dessous du plan horizontal.

— Situé en même temps dans les deux plans de projection.

### DE LA LIGNE DROITE.

11 — La projection d'une ligne droite est la droite qui passe par les projections de deux points de la ligne projetée.

12 — Construire les projections d'une droite dans toutes les positions, savoir :

— Oblique aux deux plans de projection.
— Perpendiculaire au plan horizontal.
— Perpendiculaire au plan vertical.
— Située dans un plan perpendiculaire aux deux plans de projection.
— Parallèle au plan horizontal.
— Parallèle au plan vertical.
— Parallèle aux deux plans de projection.
— Située dans le plan horizontal.
— Située dans le plan vertical.

— Située en même temps dans les deux plans de projection.

### DU PLAN.

13 — Un plan est déterminé lorsque l'on connaît ses deux traces, c'est-à-dire ses intersections avec les plans de projection.

— La trace horizontale d'un plan est l'intersection de ce plan avec le plan horizontal.

— La trace verticale est l'intersection avec le plan vertical.

14 — Construire les traces d'un plan donné dans toutes les positions, savoir :

— Oblique aux deux plans de projection.
— Perpendiculaire au plan horizontal.
— Perpendiculaire au plan vertical.
— Perpendiculaire aux deux plans de projection.
— Parallèle au plan horizontal.
— Parallèle au plan vertical.
— Parallèle à l'intersection des plans coordonnés.
— Passant par l'intersection des plans coordonnés.

### GÉNÉRATION DES PLANS.

15 — On peut toujours considérer un plan comme engendré par le mouvement d'une droite nommée *génératrice* qui serait mue parallèlement à elle-même en s'appuyant

sans cesse sur l'un des points d'une autre droite nommée *directrice*.

— D'après cela on pourra prendre la trace horizontale pour génératrice et la trace verticale pour directrice, ou bien la trace verticale pour génératrice et la trace horizontale pour directrice.

16 — Construire pour toutes ses positions les projections de la trace horizontale d'un plan prise pour génératrice.

17 — Construire pour toutes ses positions les projections de la trace verticale d'un plan prise pour génératrice.

SOLUTION DE DIVERS PROBLÈMES RELATIFS AU POINT, A LA LIGNE DROITE ET AU PLAN.

18 — Les projections de deux points étant données, construire les projections de la droite qui passe par ces points.

19 — Connaissant les projections des extrémités d'une droite, déterminer la vraie grandeur de cette droite.

20 — Déterminer les projections du milieu d'une droite.

21 — Déterminer les projections du point qui divise une droite donnée en parties proportionnelles à des lignes données.

22 — Un point est situé sur une droite dont les projections sont connues ; l'une des projections de ce point est connue. Il s'agit de construire l'autre projection.

23 — Etant données les traces d'un plan et l'une des projections d'un point de ce plan, il s'agit de trouver l'autre projection du même point.

24 — Par un point donné mener une parallèle à une ligne donnée.

25 — Trouver l'intersection de deux droites.

26 — Construire l'intersection de deux plans dont on a les traces.

27 — Déterminer le point d'intersection de trois plans donnés.

28 — Construire les points où une droite rencontre les plans de projection.

29 — Etant données les traces d'un plan et l'une des projections d'une droite située dans ce plan, construire l'autre projection de la même droite.

30 — Etant donnés un plan et un point de ce plan, mener par le point des droites situées dans le plan.

31 — Faire passer des plans par un point donné.

32 — Faire passer des plans par deux points, ou par une droite donnée.

33 — Par une ligne donnée, faire passer un plan parallèle à l'intersection des plans coordonnés.

34 — Faire passer un plan par trois points non en ligne droite.
— Par deux droites qui se coupent.

35 — Faire passer un plan par deux droites parallèles.

36 — Etant donnés un plan et une droite, trouver l'intersection de la droite avec le plan.

37 — Par un point d'un plan donné, mener dans ce plan des parallèles aux plans de projection.

38 — Par un point connu, mener un plan parallèle à un plan donné.

39 — Etant donnés un plan et un point hors du plan, mener par le point des parallèles au plan.

40 — Un point et un plan étant donnés, mener par le point une perpendiculaire au plan.

41 — Mesurer la distance d'un point à un plan.

42 — Déterminer la distance entre deux plans parallèles.

43 — Déterminer la distance entre un plan et une parallèle à ce plan.

44 — Déterminer la plus courte distance entre deux droites.

45 — Par un point donné hors d'une droite ou sur cette droite, mener un plan qui lui soit perpendiculaire.

46 — Etant donnés une droite et un point pris hors la droite, abaisser du point une perpendiculaire sur la droite.

47 — Un point étant donné sur une droite, mener par le point des perpendiculaires à la droite.

48 — Mesurer la distance de deux droites parallèles.

49 — Par un point donné, mener des plans perpendiculaires à un plan donné.

50 — Par une ligne donnée, conduire un plan perpendiculaire à un plan donné.

51 — Mener une ligne en même temps perpendiculaire à deux droites données.

52 — Connaissant un point d'une parallèle à un plan donné, et l'une des projections de cette droite, construire l'autre projection.

53 — Trouver le centre et le rayon d'une sphère dont la surface passerait par quatre points donnés qui ne soient pas dans un même plan.

54 — Trouver l'angle qu'une droite forme avec les plans de projection.

55 — Trouver l'angle que deux droites font entr'elles.

56 — Construire l'angle formé par les traces d'un plan donné.

57 — Trouver l'angle qu'une droite donnée forme avec un plan aussi donné.

58 — Par le point d'intersection de deux droites données, mener dans le plan de ces droites une ligne qui divise l'angle qu'elles forment en deux parties égales.

59 — Connaissant l'angle de deux droites, et les angles qu'elles forment avec la verticale, construire l'angle formé par les projections de ces droites.

60 — Etant données la véritable longueur d'une droite et les directions de ses projections, déterminer les longueurs de ces projections.

61 — Déterminer les angles formés par un plan donné avec les plans de projection.

62 — Trouver l'angle que deux plans forment entr'eux.

63 — Construire un plan qui divise en deux parties égales l'angle formé par un plan avec le plan horizontal.

64 — Construire un plan qui passe par l'intersection de deux plans donnés et qui divise l'angle formé par ces deux plans en deux parties égales.

65 — Construire le centre et le rayon de la sphère tangente à quatre plans donnés.

66 — Etant donnée une droite dans un plan aussi connu, mener par la droite un second plan qui fasse avec le premier un angle donné.

67 — Par un point situé dans le plan de deux parallèles, mener une sécante telle que la

partie de cette sécante comprise entre les parallèles soit égale à une ligne donnée.

68 — Dans un sommet de pyramide triangulaire, on peut considérer les trois angles que forment entr'elles les faces de la pyramide et les trois angles que les arêtes forment entr'elles. Trois de ces six angles étant donnés, construire celui des trois autres que l'on voudra, ce qui comporte toute la trigonométrie sphérique.

69 — Etant donnée une ligne droite, mener par cette droite douze plans qui fassent entr'eux des angles égaux.

70 — Construire les projections d'une droite qui fassent des angles donnés avec les plans de projection.

71 — Construire les traces d'un plan qui fasse des angles donnés avec les plans de projection.

PROJECTION DES SOLIDES POLYÈDRES.

72 — On connait les projections d'un polyèdre quand on connait celles de ses sommets.

73 — Projeter un prisme droit quelconque à base horizontale.

( 18 )

74 — Projeter un prisme oblique quelconque à base horizontale.

75 — Projeter un parallélipipède à base horizontale.

76 — Projeter une pyramide régulière quelconque à base horizontale.

77 — Projeter une pyramide oblique à base horizontale.

78 — Projeter un tétraèdre régulier.

79 — Projeter un cube ou hexaèdre régulier.

80 — Projeter un octaèdre régulier.

81 — Projeter un dodécaèdre régulier.

82 — Projeter un icosaèdre régulier.

83 — Projeter un solide dans une position quelconque.

84 — Un solide étant donné dans une position quelconque, trouver la projection de ce solide sur un plan connu de position.

85 — On dit qu'une surface est développable lorsqu'elle peut s'étendre sur un plan sans déchirement ni duplicature.

— On ne doit pas regarder comme déchirement la séparation de deux faces adjacentes.

86 — Construire le développement de la surface d'un polyèdre quelconque.

87 — Chercher sur les plans de projection les traces des plans dans lesquels se trouvent les différentes faces d'un polyèdre donné.

88 — Etant donnée l'une des projections d'un point que l'on sait appartenir à l'une des faces du polyèdre, trouver l'autre projection du même point.

89 — Déterminer l'intersection d'un plan avec la surface d'un polyèdre, construire cette section dans son plan et dans le développement de la surface du polyèdre.

90 — Trouver l'intersection d'une ligne donnée avec la surface d'un polyèdre.

91 — Déterminer l'intersection des surfaces de deux polyèdres et développer cette intersection dans l'une et dans l'autre de ces surfaces.

92 — Déterminer les points qui appartiennent

en même temps aux surfaces de trois polyèdres quelconques.

### LES CORPS RONDS.

93 — On peut considérer un cylindre comme un solide terminé par la surface qu'engendrerait une ligne droite que nous nommerons *génératrice*, et que l'on ferait mouvoir parallèlement à elle-même en l'assujétissant à passer constamment par l'un des points d'une courbe plane nommée *directrice*.

— D'après cela :

94 — Un cylindre sera connu quand on aura les projections de la génératrice et de la courbe qui sert de directrice et que nous nommerons la *base*.

95 — Projeter un cylindre droit à base quelconque.

96 — Projeter un cylindre oblique à base quelconque.

97 — La surface du cône peut être considérée comme engendrée par le mouvement d'une ligne droite nommée *génératrice*, assujétie à passer constamment par un des points d'une courbe plane nommée *directrice*, et

par un point fixe pris hors du plan de cette courbe et que l'on nomme *sommet du cône*.

— D'après cela :

98. — Un cône sera connu lorsqu'on aura les projections de son sommet et de la courbe directrice que nous nommerons *base*.

99. — Projeter un cône droit à base quelconque.

100. — Projeter un cône oblique à base quelconque.

101. — Développer la surface d'un cylindre droit.

102. — Développer la surface d'un cône droit.

103. — Une sphère est connue quand on connaît les projections de son centre et la vraie longueur de son rayon.

104. — Construire dans toutes ses positions les projections de la génératrice d'un cylindre quelconque.

105. — Construire dans toutes ses positions

les projections de la génératrice d'un cône quelconque.

106 — Construire les projections de la section de la sphère par un plan parallèle à l'un des plans de projection.

107 — Etant donnée l'une des projections d'un point que l'on sait appartenir à la surface d'un cylindre, trouver l'autre projection de ce point.

108 — Etant donnée l'une des projections d'un point que l'on sait appartenir à la surface d'un cône, trouver l'autre projection de ce point.

109 — Etant donnée l'une des projections d'un point que l'on sait appartenir à la surface d'une sphère, trouver l'autre projection du même point.

PLANS TANGENS AUX SURFACES COURBES.

110 — Mener un plan tangent à un cylindre.
— Par un point sur la surface.
— Par un point hors de la surface.

111 — Mener un plan tangent à un cône.
— Par un point sur la surface.
— Par un point hors de la surface.

112 — Mener un plan tangent à une sphère.
— Par un point sur la surface.
— Par un point hors de la surface.

113 — Mener par une ligne donnée un plan tangent à une sphère donnée.

114 — Mener un plan tangent à deux sphères.
— Par un point pris sur la surface de l'une d'elles.
— Par un point hors des surfaces de ces sphères.

115 — Mener un plan tangent à trois sphères.

116 — Mener un plan tangent à une sphère et à un cône.

SECTIONS DES SURFACES COURBES.

117 — La courbe d'intersection d'une surface par un plan passe par tous les points dans lesquels ce point coupe un système de lignes données sur la surface.
— Considérant sur la surface donnée une ligne quelconque, droite ou courbe qui rencontre le plan coupant en un ou plusieurs points, ces points appartiennent à l'intersection de la surface et du plan.
— Tous les problèmes de l'intersection

des surfaces se réduisent donc à trouver l'intersection d'une ligne par un plan.

118 — Construire les projections de la section d'un cylindre droit à base circulaire par un plan.
— Construire cette courbe dans son plan.
— Mener une tangente à cette courbe.
— Construire cette courbe et sa tangente dans le développement de la surface du cylindre.

119 — Construire le point d'intersection d'une droite quelconque avec la surface d'un cylindre droit.

120 — Construire les projections de la section d'un cylindre oblique par un plan quelconque.
— Construire cette courbe dans son plan.
— Mener une tangente à cette courbe.
— Construire cette courbe et sa tagente dans le développement de la surface du cylindre oblique.

121 — Construire le point d'intersection d'une droite quelconque avec la surface d'un cylindre oblique.

122 — Construire les projections de la section d'un cône droit à base circulaire par un plan.
— Construire cette courbe dans son plan.
— Mener une tangente à cette courbe.
— Construire cette courbe et sa tangente dans le développement de la surface du cône.

123 — Construire les projections de la section d'un cône oblique à base quelconque par un plan quelconque.
— Construire cette courbe dans son plan.
— Mener une tangente à cette courbe.
— Construire cette courbe et sa tangente dans le développement de la surface du cône.

124 — Construire le point d'intersection d'une ligne droite quelconque avec la surface d'un cône quelconque.

125 — Construire les trois sections d'un cône à base circulaire;
— Savoir :
— L'ellipse;
— L'hyperbole;
— La parabole.

— Construire chacune de ces courbes dans son plan.

— Mener des tangentes à ces courbes.

— Construire ces courbes et leurs tangentes dans le développement de la surface du cône.

126 — Construire les tangentes nommées *assymptotes* qui touchent l'hyperbole en des points situés à l'infini.

127 — L'ellipse jouit entr'autres propriétés de celle-ci, que si l'on mène de chacun de ses points à deux points fixes, nommés *foyers*, des lignes droites, la somme de ces lignes, nommées *rayons vecteurs*, sera constamment égale à une ligne donnée.

128 — Dans l'hyperbole, la différence des rayons vecteurs est constamment égale à une ligne donnée.

129 — Dans la parabole, chaque point est autant éloigné d'une droite donnée de position et nommée *directrice* que d'un point fixe nommé *foyer* aussi donné de position.

130 — Les propriétés des sections coniques énoncées ci-dessus donnent le moyen de construire chacune de ces courbes.

( 27 )

131 — Construire les projections de la section de la sphère par un plan.

— Construire cette courbe dans son plan.

— Mener une tangente à cette courbe.

132 — Construire le point d'intersection d'une ligne droite quelconque avec la surface d'une sphère.

133 — L'intersection d'une surface courbe par un plan, étant entièrement comprise dans ce plan, est nommée pour cette raison *courbe plane*; mais l'intersection de deux surfaces courbes, étant soumise à la courbure de l'une et l'autre de ces deux surfaces, a reçu pour cela le nom de *courbe à double courbure*.

134 — Construire les projections de la section des surfaces de deux cylindres donnés.

— Construire cette courbe dans le développement de la surface de chacun de ces cylindres.

135 — Trouver les points communs aux surfaces de trois cylindres donnés.

— Construire ces points dans le développement de la surface de chacun de ces cylindres.

136 — Construire les projections de la section des surfaces d'un cylindre et d'un cône.

— Construire cette courbe dans le développement de la surface du cylindre et dans le développement de la surface du cône.

137 — Construire les projections de la section des surfaces d'un cylindre et d'une sphère.

— Construire cette courbe dans le développement de la surface du cylindre.

138 — Construire les projections de la section des surfaces des deux cônes donnés.

— Construire cette courbe dans le développement des surfaces de chacun des cônes.

139 — Construire les projections de la section des surfaces d'un cône et d'une sphère.

— Construire cette courbe dans le développement de la surface du cône.

140 — Construire les projections de la section des surfaces de deux sphères.

— Construire cette courbe dans son plan.

141 — Trouver les points communs aux surfaces de trois sphères.

142 — Déterminer la position d'un point dont on connaît la distance à trois plans donnés.

143 — Déterminer la position d'un point dont on connaît la distance à trois droites données.

144 — Déterminer la position d'un point dont on connaît la distance à trois points donnés.

## APPENDICE.

145 — On peut considérer une courbe comme ayant pour élémens les côtés infiniment petits du contour d'un polygone.

— Les prolongemens de ces côtés seront des tangentes à la courbe.

— Les projections des tangentes d'une courbe sont tangentes aux projections de la courbe.

146 — Une surface courbe peut être considérée comme composée d'une infinité de petits polygones-plans, dont chacun sera un élément-plan de la surface.

— Le plan de cet élément prolongé sera un plan tangent à la surface.

2*

— L'élément, réduit à un point, sera le point de contact.

— Le plan tangent contient les tangentes de toutes les lignes menées sur la surface par le point de contact.

— La perpendiculaire à ce plan, menée par le point de contact, est une normale à la surface.

— Les sections de la surface par des plans, passant par une normale, se nomment *sections normales*.

147 — La tangente en un point d'une courbe plane est généralement l'intersection du plan de cette courbe avec un plan tangent mené par ce point à une surface dans laquelle cette courbe serait tracée.

— La tangente en un point d'une courbe à double courbure est la droite intersection des deux plans tangens menés par ce point aux deux surfaces dont la courbe est l'intersection.

— Il y a deux espèces de tangentes, celles qui ne touchent la courbe qu'en un seul point et celles qui, la touchant en un point, la coupent par d'autres points.

— Il y a pareillement deux espèces de plans tangens à une surface courbe : ceux qui ne touchent cette surface qu'en un point et ceux qui la touchant en un point la coupent en d'autres parties.

148 — En géométrie descriptive on considère une surface comme étant généralement engendrée par le mouvement d'une courbe quelconque, dont la forme constante ou variable est donnée à chaque instant.

— Cette courbe mobile se nomme *génératrice de la surface*.

— La loi du mouvement de la génératrice détermine la forme et la position de la surface engendrée.

— Si l'on fait mouvoir une surface d'une forme constante ou variable, le lieu ou l'ensemble des positions des lignes d'intersections successives de la surface mobile se nomme *surface-enveloppe*.

— Chacune de ces lignes, nommée *caractéristique de la surface-enveloppe*, peut être considérée comme la génératrice de cette surface.

— Les quantités qui déterminent une position particulière de la surface mobile et les dimensions de la surface engendrée correspondantes à cette position se nomment *les paramètres de cette surface*.

149 — Une surface est définie lorsque pour

chacun de ses points on peut assigner la ligne génératrice constante ou variable de forme qui passe par ce point.

— Cette génératrice peut être donnée en relief ou par ses projections.

150 — Les surfaces que l'on emploie le plus fréquemment dans les arts sont celles qui ont pour génératrice un cercle ou une ligne droite.

— Parmi les surfaces qui ont pour génératrice le cercle, on distingue les surfaces de révolution.

— Il y a deux sortes de surfaces engendrées par une droite : les surfaces développables et les surfaces gauches ou réglées.

151 — Lorsqu'un cercle d'un rayon constant ou variable se meut d'une manière quelconque, la nature de la surface engendrée dépend, 1° de la loi de variation du rayon, 2° du mouvement du centre, 3° des positions successives du plan du cercle générateur.

152 — Une surface de révolution est celle qui est engendrée par une ligne droite ou courbe, plane ou à double courbure, qui tourne autour d'un axe fixe.

— Un plan mené par cet axe se nomme *plan méridien*.

— Toutes les courbes que l'on obtient en coupant une surface de révolution par un plan méridien, sont égales entr'elles et se nomment *lignes méridiennes*.

153 — Une surface développable est généralement le lieu géométrique des tangentes à une courbe à double courbure qu'on nomme *arête de rebroussement de la surface*.

— Deux tangentes consécutives correspondent à deux positions consécutives de la droite mobile génératrice de la surface.

— L'arête de rebroussement partage la surface en deux parties égales, dont l'une comprend les tangentes à cette courbe, et l'autre leurs prolongemens.

— Deux droites consécutives d'une surface développable comprennent un élément de cette surface. Si cet élément est très-petit, il ne différera pas sensiblement d'un élément-plan. Tous ces élémens peuvent être réunis sur un seul et même plan et cet élément formera ce qu'on appelle *le développement de la surface*.

— Les surfaces développables sont les seules qui jouissent de cette propriété de pouvoir se développer sur un plan sans rupture ni duplicature.

— De quelque manière qu'un plan se meuve, l'enveloppe de l'espace qu'il parcourt est une surface développable.

154 — La surface réglée la plus générale est engendrée par une droite mobile qui s'appuie sur trois courbes données que l'on nomme *directrices*, ou ce qui est la même chose par le mouvement d'une droite qui passe par deux courbes en touchant toujours un cylindre sur lequel l'une des deux courbes est donnée. Dans une surface réglée deux droites consécutives, quelque petite que soit leur distance, ne se rencontrent pas, et l'élément compris entre ces droites est un plan gauche ou réglé.

155 — Les propriétés des surfaces courbes, de révolutions développables ou réglées, donnent les moyens de résoudre les problèmes qui se rapportent à ces surfaces.

www.ingramcontent.com/pod-product-compliance
Lightning Source LLC
Chambersburg PA
CBHW060952050426
42453CB00009B/1164